地球不能没有动物　生生不息

地球不能没有

大熊猫

林育真 / 著

山东教育出版社·济南

我拥有动物界的最高荣誉

　　我是国宝大熊猫，别看我长得圆滚滚的，爬起树来却又快又稳。我不仅是中国的"国宝"，也是世界各地人见人爱的超级动物巨星。你知道吗？我获得了动物界的最高荣誉——被世界自然基金会和中国野生动物保护协会选为标志动物。

大熊猫到底有多受欢迎，看看下面这两个图标就知道了。

世界自然基金会标志

世界自然基金会（英文缩写WWF）是全球最大的非政府环境保护组织，于1961年成立，总部位于瑞士。

中国野生动物保护协会标志

中国野生动物保护协会（英文缩写CWCA）是中国最大的野生动物保护组织，其职责是维护自然生态平衡，积极保护和救助濒危野生动物。

3

其实叫我们"大猫熊"更合适

俗话说，"物以稀为贵"。大熊猫之所以闻名世界，不仅因为我们长得奇特可爱，更因为数量稀少，我们是中国特有的物种，非常珍贵。目前，我们大熊猫家族的野生种群仅分布在四川、陕西和甘肃三省，栖息地为竹林茂盛的崇山峻岭，属于高山动物。

分布区

指某种生物在地球上分布的地域，可在地图上标明其范围。

栖息地

指某种动物在分布区内实际生活的场所。

野生大熊猫的主要分布区示意图

北京★

秦岭
岷山
邛崃山

成年大熊猫体长 1.2—1.8 米，体重 80—120 千克，比很多成年人还重。

大熊猫稀有到什么程度？目前，大熊猫在野外生存的个体只有不到2000只。我国及世界其他国家人工圈养的大熊猫，据2021年报道，加起来尚未超过700只。

爬得高，看得远！

你是不是觉得我看起来很像熊？的确，我连四肢和爪子都长得像熊，所以有些人管我叫"大猫熊"。你猜猜我到底是像熊的猫还是像猫的熊呢？科学家们说，我们大熊猫属于食肉目熊科，是熊类家族的成员之一，称呼我们为"大猫熊"才更合适。不过没关系啦，"大熊猫"这个名字早在一百多年前就已流传开来，你们也就这样继续叫下去吧。

我是黑熊，有人叫我狗熊也就罢了，还说什么"笨得像狗熊"，这就太过分啦！我会爬到高高的树上摘果子、采蜂蜜，我才不笨呢！

我是小熊猫，别误会！我可不是大熊猫的宝宝，我们也不沾亲带故。要说我们有什么相同点，那就是都爱吃竹子。

告诉你一个小秘密：别看我们北极熊长着白色的毛，毛下的皮肤却是黑色的！

比一比

大熊猫、黑熊和北极熊是不是长得有点儿像？它们的确是近亲，都是熊类家族里的大块头。

很久以前，我们是食肉兽哦

乍一看，我们身上除了黑色，就是白色。其实，我们身上的毛并不是非黑即白的，你如果仔细看，会发现黑色的毛里夹杂着褐色，白色的毛里夹杂着黄色，十分特别。

我们身体的主色是永不过时的黑白两色。

　　我们的脑袋又大又圆，顶着两只小耳朵，健壮的四肢撑着我们圆嘟嘟的身体，短短的尾巴跟在庞大身躯的后面，是不是看起来格外可爱？对了，我们的黑眼眶很像戴着酷酷的墨镜！这能保护眼睛免受高山强光的刺激和冬季雪盲的侵害。

原先，我们的祖先靠吃肉为生。后来，经过长期进化，我们从原本的肉食性动物演变为以竹类为食的素食兽。你看看我们满口牙齿多么独特，既保留了食肉类祖先的犬齿，又发展出了适于咬断并磨碎竹子的强大臼齿。我们用来切割咀嚼竹子的肌肉群和骨骼也变得很发达。这是我们长期适应吃竹子的结果。

虽然我的犬齿不像北极熊的又尖又长，但是它能证明我的祖先是食肉类。

犬齿

北极熊的犬齿十分发达，能够快速咬紧和撕裂猎物。

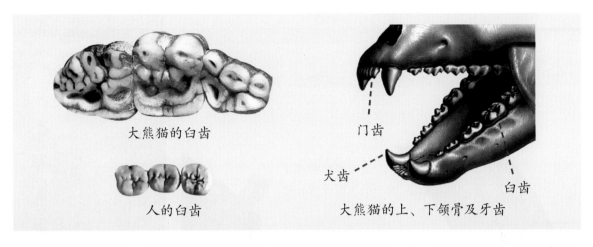

大熊猫的白齿

人的白齿

门齿

犬齿

白齿

大熊猫的上、下颌骨及牙齿

由于食性的改变，我们的门齿不再发达，而臼齿变得特别发达，比人类的臼齿足足大了 7 倍呢。我们的臼齿不仅磨面宽大，齿根也又粗又长。对了，我们的下颌骨随之变得强大结实，这也是长期吃竹子的结果。

食性

指动物取食食物的种类和方式，主要分为植食性（即草食性）、肉食性和杂食性等。

我们吃竹子时，用强有力的臼齿咬断竹竿。别看直径 3 厘米粗的竹竿硬得用刀也难以砍开，但用我们的臼齿，咔嚓一声，立马咬开。

我们的"手"和人类的手构造不同，没有拇指和其他四指对握，但我们的手腕上有一块特别的"籽骨"，起拇指的作用，所以我们也可以轻轻松松地完成抓、握等动作，爬树对我们来说也不是什么难事啦！

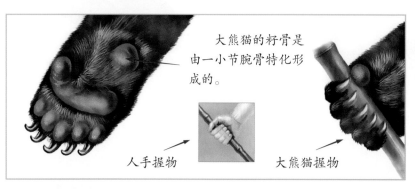

大熊猫的籽骨是由一小节腕骨特化形成的。

人手握物　　　　　大熊猫握物

　　骆驼、鹿、牛和羊等草食兽具有反刍胃，能把吃进胃里半消化的草料返回嘴里，再次咀嚼吃下，这样可以充分吸收食物中的营养。而我们的消化系统简单，无反刍机制，肠子短，消化吸收差，必须吃很多，才能获得足够营养。

我们经常从早吃到晚

我们大熊猫家族里的野生成员长年吃冷箭竹、华桔竹等高山竹类，在自然栖息地，竹林就是我们的粮仓。我们还因此有了"竹熊"的外号以及"竹林隐士"的雅号。

每天要花十几个小时吃竹子，坐着吃才舒服！

野生大熊猫的食物99%为竹类，每只成年大熊猫一天平均要吃15千克。吃得多，粪便就多，不过粪便富含竹纤维，没什么臭味。

很少有动物能像我们这么容易得到食物。竹子虽然营养差，但数量很多、容易吃到，照样能把我们养得圆滚滚、胖嘟嘟的。

我是吃竹子的专家。吃竹笋竹叶，咬断竹枝剥去硬皮，咀嚼里面的软芯，样样拿手。

竹类是草本植物，种类很多，我们通常吃栖息地附近的 4–5 种竹类。有些竹类能长得像树木一样高。茂密的高山竹林不仅能把我们喂得饱饱的，还能让我们隐蔽起来，不被天敌发现。

我们有时也吃竹子以外的食物，其中肉类和蜂蜜味道最好。我们也偶尔吃些鲜草、花朵、藤蔓和根。隆冬时节我们会捡食冻死的动物。栖息于竹林的竹鼠，因爱吃竹子而得名。如果我们偶尔捕到这种穴居的大野鼠，会美美地享用一顿。

竹鼠

野生大熊猫喜欢独来独往，人工繁育的大熊猫则会结伴吃食或嬉戏。

我们家族中有些成员自幼在自然保护区或动物园里长大，竹类食物同样是它们的最爱，有时饲养员会喂给它们胡萝卜、甘蔗、苹果等，换换口味也是不错的。

野生大熊猫属于高山动物，老家在海拔 2600—3500 米的崇山峻岭，它们适应凉爽湿润的高山气候。饲养在平原地区动物园里的大熊猫怕热不怕冷，要是夏季温度太高，饲养员要给它们降温纳凉。

我们与其他熊类不同，从不冬眠，这一方面由于高山地带没有冬眠条件，另一方面由于我们的皮毛厚实保暖，经得住高寒气候。冬季大雪封山，在野外生活的我们照样外出寻找食物。

冬天来了，山地里有些低凹的地方积雪深达 1 米，但是竹林里的竹子依旧绿色可口。

到了夏天，动物园里的饲养员会贴心地为我们准备冰块，睡在上面别提多凉爽了。

在树上睡觉，
又安全又凉快。

我们不单能爬树，还能在树上打盹儿。当我们察觉到危险时，会迅速爬到树上侦察周围的情况。但有时，我们上树只是为了嬉戏和休息。黑白相间的毛色，使我们在树上及有积雪的地面活动时不易被发现。

离我远点儿，否则我就不客气了！

我们走路时，两只前脚呈"内八字"，走起来慢慢吞吞，很少快跑。

别看我们平时一副好脾气的样子，可是一旦发怒也很凶，很有些"熊"的样子。所以你们在动物园里见到我们，不要离我们太近，更不要逗弄我们。

21

大熊猫宝宝是妈妈的千分之一大

野生大熊猫性情孤僻，雌雄成年大熊猫一年中只有在繁殖期才会在一起，随后又分开单独生活。养育宝宝的任务由雌性大熊猫独自完成。

独自取食、喝水和休息，是野生大熊猫的本性。大熊猫以散发气味的方式表达愿意相聚或需要回避的信息。平时闻到陌生的气味，它们通常会走开，避免争斗。

自幼被人工养育的大熊猫，能够友善地聚在一起吃东西和玩耍，但有时也会为争夺食物而打架。

一年一度的繁殖期到了，成年的雌性大熊猫会发送气味信息招引伴侣。

野生大熊猫选择大树洞或岩洞作为育儿的窝，雌性大熊猫会在窝里精心铺垫干草和树枝。如果生下双胞胎，新手妈妈通常选择照管体格较壮的那只，另一只较弱的幼崽则会掉落在地上夭亡。人工圈养时则采用科学方法，使幼崽成活率大大提高。

我们大熊猫的繁殖能力低，一只雌性大熊猫一生中生产的宝宝很少，每胎只生一个宝宝，最多两个。而且告诉你一件很惊人的事情，新生的大熊猫幼崽小得出奇，只有100-150克，和妈妈的体重相差近1000倍。唉！幼崽发育不全，非常脆弱，不易成活。这是我们家族数量稀少的原因之一。

大熊猫的新生幼崽十分娇嫩，粉红色的皮肤上带着稀疏的白毛，不能保暖。下图是动物园养育的大熊猫双胞胎幼崽。

亲亲我的宝贝！

大熊猫妈妈刚生出宝宝的前几周，会像人类一样，将宝宝抱在怀里，温暖它，保护它，几乎寸步不离。

我们平时性情温顺，极少攻击其他动物或人类。但我们一旦当了妈妈，就会时刻保持警惕，不允许任何动物和人靠近我们的小宝贝。

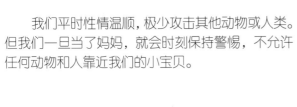

宝宝别怕，有妈妈在呢！

大熊猫的孕期究竟有多长尚无定论，从 80 多天到 200 天的情况都存在。科学家分析，可能大熊猫妈妈对自身体内胚胎的发育有一定的调控能力。野外大熊猫通常在 8—10 月份生育幼崽。大熊猫妈妈照顾幼崽尽心尽力，至少历时一年半，有时甚至长达两年。

大熊猫的生长发育过程

新生大熊猫幼崽只有小老鼠那么大，雌性到 4 岁、雄性到 6 岁左右性成熟。

4个月大

3个月大

1个月大

新生幼崽

熊猫妈妈

出生 1 个月后，大熊猫宝宝的耳朵、眼眶、腿和肩带渐渐变为黑色，有些像它的妈妈了。上图为 3 个月的大熊猫宝宝，爬来爬去，憨态可掬。

4 个月的大熊猫宝宝能到处走动玩耍，淘气可爱。

6个月的大熊猫宝宝要练习爬树了。

一旦大熊猫妈妈感到有危险，它会用嘴轻轻叼住幼崽的毛皮，将幼崽转移到安全的地方。

活化石大熊猫

你可能会问，为什么我们会演变得爱吃竹子了？科学家指出，由于环境变迁和生存竞争，我们爱吃肉的祖先不得不退到高山地带。那里竹子丰富，可以填饱肚子。就这样，我们的祖先为了生存而逐渐改变习性。也正因此，我们大熊猫家族才得以孑遗生存，成为今天珍贵稀有的活化石动物。

大熊猫分布区变化图

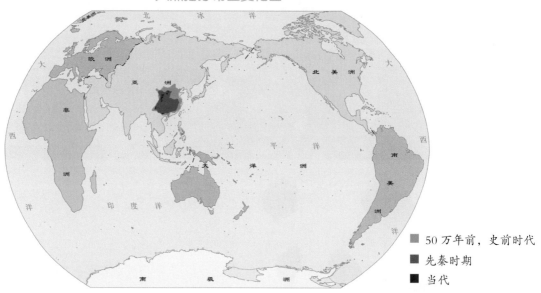

■ 50万年前，史前时代
■ 先秦时期
■ 当代

孑遗生物

在较古老的地质历史时期，有些生物曾经种类繁多、分布很广，后来出现大范围衰退，只有一种或极少几种在很有限的分布区生存下来，并有日趋灭绝之势，这便是孑遗生物，如大熊猫、银杏等。

活化石

起源久远的某类生物，其近缘类群只有化石，而没有现存种类。这类生物保留着远古祖先的原始特征，被称为活化石。

这是根据化石资料描绘的情景图。50万年以来，曾经和大熊猫同时生存在地球上的巨兽，如剑齿象、剑齿虎、猛犸象和巨貘等已相继灭绝。整个大熊猫家族也渐渐衰落，就剩现存的这一种大熊猫"一脉单传"，奇迹般地生存至今。

可爱又珍贵的大熊猫，从 1869 年被发现，进入人类视野以来，全球各地掀起了一波又一波的熊猫热。大熊猫所到之处，万众欢腾，喜爱者无数，其生存和保护现状为全世界所关注。许多中外顶尖的研究机构科技人员紧密合作，推进保护大熊猫的各项研究。

我国政府积极实施大熊猫等濒危野生动物的迁地保护工程。成都大熊猫繁育研究基地是全球知名的集大熊猫科研繁育、保护教育和旅游观赏于一体的机构。

野生大熊猫把家选在有竹子有溪水的山间。秦岭地区的高山密林、四川省九寨沟及卧龙国家级自然保护区等地，素以"熊猫之乡"享誉中外，都是大熊猫的自然栖居地。

大熊猫繁育研究基地的大熊猫宝宝集体亮相，它们珍贵的价值和可爱的形态俘获了国内外无数人的心。

大熊猫繁育研究基地的科研人员会对人工繁育的大熊猫进行野化训练。成功放归野外，增加野生群体的数量，是保护大熊猫的最终目标。

研究人员会给放归野外的大熊猫戴上电子颈圈跟踪监测，及时了解大熊猫在野外的定位及活动状况。

那就拭目以待吧！

人类只有顺应自然，掌握大熊猫这一"活化石"的生存和发展规律，才能更好地保护大熊猫，延续大熊猫野外种群的生存。

亲爱的小朋友们，我是科普奶奶林育真，如果你们有关于动物生态的问题，找我就对了！

全方位展现野生动物世界。

很高兴认识你们！这套《地球不能没有动物》系列科普书是我专门为小朋友创作的"科"字当头的动物科普书，尽力融科学性、知识性和趣味性为一体。

读完这本书，希望你至少记住以下科学知识点：

1. 大熊猫是高山动物，野生大熊猫生活在高山峡谷。

2. 大熊猫是唯一由肉食兽演变为爱吃竹类的特殊兽类。

3. 人工养育的大熊猫性情比较温和。圈养的幼年大熊猫可以合群吃食和嬉戏。野生大熊猫独来独往。

4. 由于生境的破坏，加以食性特别，繁殖能力低，大熊猫长期处于濒危的状态。近年来在政府主管部门、科学家及爱心人士的努力下，大熊猫自然保护区的数量、面积有显著增加，保护水平大大提高。

2016 年世界自然保护联盟宣布大熊猫从濒危等级变为易危。国宝大熊猫，依然是国家一级保护动物，其受到的威胁尚未消除，保护工作仍需再接再厉。

保护大熊猫我们应该做的：

1. 认识大熊猫，了解大熊猫。大熊猫是我国特有的活化石国宝，保护大熊猫就是保护大自然，保护人类的绿色家园。

2. 积极支持和热心参与保护大熊猫的各种公益活动。

3. 到动物园、自然保护区去观赏大熊猫时，要遵守规则，尊重动物，不惊吓和乱投喂食物。

图书在版编目（CIP）数据

地球不能没有大熊猫 / 林育真著. —济南：山东教育
出版社，2022
 （地球不能没有动物. 生生不息）
 ISBN 978-7-5701-2212-7

Ⅰ.①地… Ⅱ.①林… Ⅲ.①大熊猫－少儿读物
Ⅳ.① Q959.838-49

中国版本图书馆 CIP 数据核字（2022）第 124863 号

责任编辑：周易之　顾思嘉　李　国
责任校对：任军芳　刘　园
装帧设计：儿童洁　东道书艺图文设计部
内文插图：李　勇

地球不能没有大熊猫
DIQIU BU NENG MEIYOU DAXIONGMAO

林育真　著